Discovery Education 探索·科学百科（中阶）

1级B1 爬行动物探秘

全国优秀出版社
全国百佳图书出版单位　　广东教育出版社　学乐

中国少年儿童科学普及阅读文库

探索·科学百科 中阶

爬行动物探秘

1级B1

[澳]梅瑞迪斯·柯思坦 ⊙著

郁振(学乐·译言)⊙译

Discovery
EDUCATION

全国优秀出版社
全国百佳图书出版单位
广东教育出版社

广东省版权局著作权合同登记号

图字：19-2011-097号

本书原由 Weldon Owen Pty Ltd 以书名*DISCOVERY EDUCATION SERIES · Reptiles on the Move*

（ISBN 978-1-74252-165-7）出版，经由北京学乐图书有限公司取得中文简体字版权，授权广东教育出版社仅在中国内地出版发行。

图书在版编目（CIP）数据

Discovery Education探索·科学百科.中阶.1级.B1，爬行动物探秘 / [澳]梅瑞迪斯·柯思坦著；郇振（学乐·译言）译. 一 广州：广东教育出版社，2012.6

（中国少年儿童科学普及阅读文库）

ISBN 978-7-5406-9078-6

Ⅰ.①D… Ⅱ.①梅… ②郇… Ⅲ.①科学知识—科普读物 ②爬行纲—少儿读物 Ⅳ.①Z228.1 ②Q959.6-49

中国版本图书馆 CIP 数据核字（2012）第086418号

Discovery Education探索·科学百科（中阶）
1级B1 爬行动物探秘

著 [澳]梅瑞迪斯·柯思坦   译 郇振（学乐·译言）

责任编辑 张宏宇 李 玲   助理编辑 能 昀 李开福   装帧设计 李开福 袁 尹

出版 广东教育出版社
     地址：广州市环市东路472号12-15楼   邮编：510075   网址：http://www.gjs.cn
经销 广东新华发行集团股份有限公司   印刷 北京顺诚彩色印刷有限公司
开本 170毫米×220毫米 16开
版次 2016年3月第1版 第2次印刷   印张 2   字数 25.5千字
      装别 平装

ISBN 978-7-5406-9078-6   定价 8.00元

内容及质量服务 广东教育出版社 北京综合出版中心
     电话 010-68910906 68910806   网址 http://www.scholarjoy.com
质量监督电话 010-68910906 020-87613102   购书咨询电话 020-87621848 010-68910906

目录 | Contents

什么是爬行动物？

爬行动物属于脊椎动物。它们的身体覆盖着坚硬的鳞片或甲壳。小到侏儒壁虎，大到咸水鳄，爬行动物的形态和大小各不相同。爬行动物生活在不同的栖息地，南极洲以外的其他大洲都能发现它们的身影。

鳄目

鳄目包括 23 个不同物种，分为鳄科、短吻鳄、长吻鳄和凯门鳄。

爬行动物的祖先

通过对化石进行研究，科学家能够复原现存爬行动物祖先的模样。最早的与爬行动物有亲缘关系的动物类群是两栖动物。

最早的鳄类

最早的鳄类生活在 1.45 亿年前，生有强壮的颚和有力的尾巴。

最早的蜥蜴

最早的蜥蜴与现在的壁虎外形相似，生活在 1.5 亿年前。

最早的爬行动物

最早的爬行动物生活在 3.15 亿年前，体长约 20 厘米。

最早的龟

最早的龟生活在 2.1 亿年前，生有厚重的龟甲，外形与现在的龟相差无几。

陆龟

水生龟

龟鳖目

龟鳖目可以分为陆龟和水生龟。龟鳖目包括约 300 个不同物种。

喙头目

喙头蜥是现存最古老的，与蛇和蜥蜴有亲缘关系的爬行动物类群。喙头蜥仅存于新西兰。

蜥蜴亚目

蜥蜴亚目包括 5 000 多个不同物种。与蛇不同，蜥蜴有四肢、眼睑和外耳。

蛇亚目

现存的蛇约有 3 100 种。大多数是无毒蛇。有些种类的蛇会活吞猎物。

变温动物

尽管爬行动物被称作"冷血动物"，但当它们运动时，爬行动物的身体也像鸟类和哺乳动物一样是温热的。爬行动物自己不能产生热量，只能依靠阳光和温暖的地表来加热身体。需要升高体温时，它们会爬到温暖的地方。需要降低体温时，它们就躲到凉爽的地方。

变色
温暖的阳光下，彩虹飞蜥的皮肤由棕褐色变为鲜艳的红色和蓝色。

保持清凉
为了降低体温，爬行动物会躲到阴凉的地方，或在水洼中浸湿身体。

奇特的步法
棘趾蜥在炙热的沙地上行走时，会采用前后肢交替抬起的步法。

张开嘴巴
黑凯门鳄的舌头很厚，张开嘴巴有助于降低流经舌头的血液温度。

鳞或甲

爬行动物的皮肤坚硬干燥。皮肤包括一层厚厚的角蛋白（角蛋白是指甲、蹄和角的构成物质）。蜥蜴和蛇体被鳞片。鳄科动物和短吻鳄皮肤下生有骨板。每过一段时间，爬行动物就会蜕去外皮。龟鳖目生有骨质甲。龟甲的内层由约60块骨骼构成。

龟甲解剖图

龟甲外层覆盖的角质鳞称盾板。背甲与脊椎骨和肋骨相遇合。

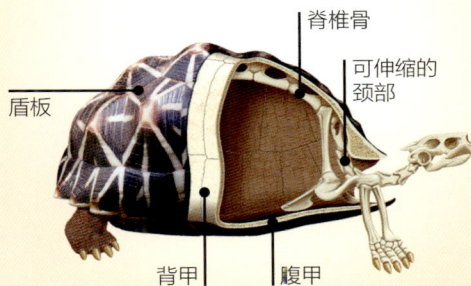

脊椎骨

可伸缩的颈部

盾板

背甲

腹甲

有些种类的蟒蛇会盘绕起来把卵围在中间，它们还会震颤身体以保持卵的温度。这样做还能保护卵不受捕食者侵害。

不可思议！
民间传说雌性海龟上岸产卵时会"伤心落泪"。实际上，它们只是在排出体内多余的盐分。

卵生

雌性鳄目动物会悉心照料卵和新孵出的幼鳄。它们将扒碎的泥土和植物草叶堆积起来筑巢产卵，或把卵埋在沙里。雌性鳄目动物会看守巢穴并赶走捕食者。在能够独立生活之前，幼鳄一直和母亲生活在一起。水生龟将卵产在挖好的沙坑里，它们一次最多可产 100 枚卵。幼蛇孵化后就要独立生活。

温柔的利嘴

雌性短吻鳄嘴中生有利齿，它用嘴巴轻轻衔住新孵出的幼鳄，将它们转移到安全的地方。

奔向大海

　　新生平背龟孵化后就争先恐后地奔向大海。它们集群行动，以减小被捕食的几率，捕食者包括鸟类和蟹类。到了海里，还有鲨鱼和其他鱼类捕食者等待着它们。通常情况下，平背龟成活率只有百分之一。

鳄目动物

现存鳄目动物有23个不同物种，包括2种短吻鳄、13种鳄科动物、6种凯门鳄和2种长吻鳄。除了扬子鳄，鳄目动物都生活在气候温和的地区。咸水鳄体长可达6米，是最大的鳄目动物。盾吻古鳄体长只有1.5米，是最小的鳄目动物。鳄目动物生活在近水的地方，以昆虫、青蛙、鱼类、龟类和鸟类为食。

长吻鳄

长吻鳄生活在亚洲地区较大的河流中。它的攻击性不如鳄科动物和短吻鳄，腿部也不如它们发达。长吻鳄捕食鱼类，鱼儿游近时，它会用狭长的嘴巴迅速将鱼咬住。

制造气泡

雄性美国短吻鳄隆隆低吼时，声音振动激起的水泡能溅起至离水面60厘米。这种低沉的声音能传至很远，1.6千米外的雌性短吻鳄都能听到。

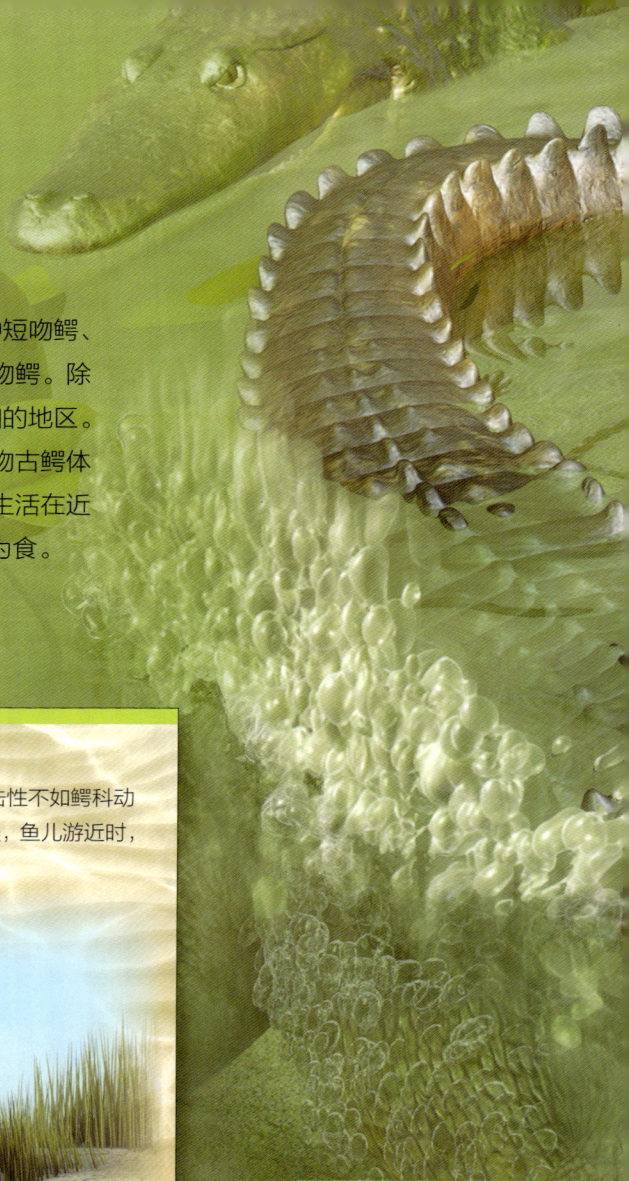

极度深寒

扬子鳄和美国短吻鳄的栖息地到了冬天会变得非常寒冷，池塘和溪流的表面都结成了冰。它们会寻觅一处较浅的水洼，身体浸在冰面下温度较高的水中，只把鼻子露出水面。

不可思议！

鳄目动物为了吸引配偶或警告敌人，会发出各种不同的声音。它们有时会咆哮低吼，有时会晃动头部拍击水面，有时会用鼻孔喷气。

鳄目动物的习性

鳄目动物是世界上体型最大，也是最危险的爬行动物类群。尼罗鳄的颚强壮有力，足以咬碎骨骼，它能将较小的猎物囫囵吞下。许多鳄目动物都能通过自己的行为来调节体温。尼罗鳄白天趴在河岸上晒太阳，到了傍晚，岸上气温降低，它又回到比较暖和的水中。

偷袭

鳄目动物偷偷接近猎物。它们的身体潜在水中，只把眼睛、耳朵和鼻孔露出水面。它们先悄无声息地游近猎物，然后猛扑上去。

漂浮

鳄目动物能够很轻松地浮在水中。这有助于它们节省体力发动攻击。

死亡翻滚

尼罗鳄把猎物拖进水里将其杀死。它们咬住猎物后会扭转翻滚，在水中重创猎物，直到猎物晕头转向无力逃脱。

适应水中捕猎

鳄目动物颚前端生有外鼻孔。身体其他部分潜入水中时仍能呼吸。它们的内鼻孔位于喉底。喉部生有一个喉瓣，当它们在水中与猎物翻腾搏斗时，喉瓣能防止水进入气管。

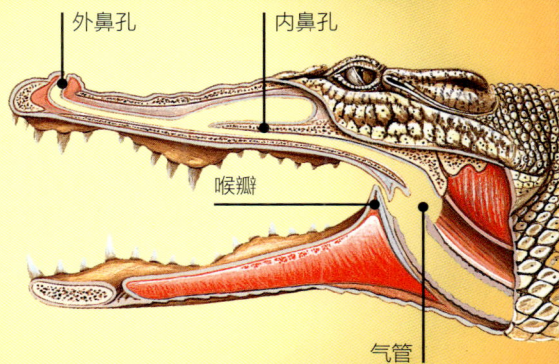

外鼻孔

内鼻孔

喉瓣

气管

蜥蜴

蜥蜴栖息地分布在南极洲以外的所有大洲上。现存蜥蜴有 5 000 余种，主要类群包括壁虎、石龙子、变色龙（学名避役）、鬣蜥和吉拉毒蜥。蜥蜴主要以昆虫为食，有时也以植物为食。大型蜥蜴会捕食小型哺乳动物、鸟类和其他爬行动物。所有的蜥蜴体表都有鳞片覆盖，能够减少高温环境中水分的蒸发。

爪和趾

蜥蜴足部形状与其运动方式相适应。善奔跑的蜥蜴脚趾较长，善游泳的蜥蜴趾间有蹼，善攀爬的蜥蜴有针状利爪或黏性足垫。

善于抓握

避役有两组脚趾，能够牢牢抓握细窄的树枝。

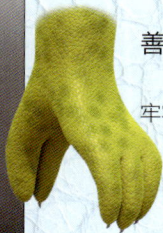

善于挖掘

巨蜥的爪粗壮锋利，可以掘开坚实的土层，也可用于攻击猎物。

沙漠为家

沙虎生有蹼足，适于在沙丘间行动。

善于奔跑

鞭尾蜥蜴脚趾很长，能够以较大的步幅快速奔跑。

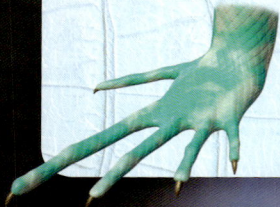

日落之后

大壁虎在夜间捕食。它先慢慢接近猎物，然后迅速出击抓住猎物。

吸盘

壁虎趾下足垫上生有无数微小刚毛，它们的作用如同吸盘，可吸附在任何平面上。

大壁虎能够头朝下紧贴墙壁爬行。

逃生技巧

蜥蝎天敌很多，因此它们也进化出一些巧妙的方法来保护自己。避役能够改变身体颜色，使自己融入到周围的环境中。捕食者靠近时，它们会一动不动呆在原处。有些种类的蜥蝎会发出嘶嘶声或伸出舌头使捕食者大吃一惊，从而赢得逃脱的机会。其他一些蜥蝎会快速逃走或钻入水中，躲开捕食者的追踪。犰狳环尾蜥能团成球状，靠棘刺保护自己。

褶伞蜥

褶伞蜥会张大嘴巴，发出嘶嘶声，并鼓起颈部的褶皱来吓退捕食者。

喷射血液

太阳角蜥眼部有特殊的肌肉，能够从眼中喷射出难闻的血液。

角和鳞

太阳角蜥头顶生有骨质角，体被棘状鳞，捕食者很难将其吞食。

太阳角蜥

太阳角蜥体型较小，看似很容易被捕食。但它有几项独特的保命绝招。

褶皱
展开的褶皱让褶伞
蜥看上去更大。

逃生方案

　　如果被捕食者抓住，大部分蜥蜴会选择断尾逃生。断掉一截或整条尾巴的蜥蜴不会失血太多。截断处很快会长出颜色较浅的新尾巴。

蛇

世界上现存的蛇约有 3 100 种。其中毒蛇所占比例不超过四分之一，只有受到威胁时，毒蛇才会发动攻击。蛇的颌能够张开很大，可以把猎物囫囵吞下。蟒蛇捕食时先用身体紧紧缠住猎物，使其窒息。

小肠
小肠呈管状，较长，从胃吸收营养。

肺
多数蛇只有一个肺，形状狭长。

胃
胃壁有弹性，能够扩张，胃中有强力的消化液。

肋骨
蛇的脊椎由 150 至 450 块脊椎骨组成，每块脊椎骨都连着 2 块肋骨。

毒牙

毒蛇用毒牙将毒液注入猎物的身体，将其杀死。毒牙可分为管牙和沟牙。

管牙
较短的中空管牙位于上颌前端，随时准备好攻击猎物。

沟牙
沟牙位于颌后端，毒液能沿毒牙的沟槽注入猎物体内。

折叠
较长的毒牙能够折叠起来收入口中，攻击时毒牙会打开并直立起来。

犁鼻器

　　蛇吞吐舌头的动作是在为犁鼻器收集信息。犁鼻器是位于口腔上部的化学感受器。它能够帮蛇找寻配偶、发现敌人。

犁鼻器

反扑

　　蝰蛇的毒液毒性极强，它是世界上最致命的蛇类之一。

毒腺

毒液平时储存在毒腺中，捕猎时，毒液沿导管进入毒牙。

眼

蛇的眼睛上覆盖着一块清澈透明，不能活动的鳞片。

分叉的舌

舌头向大脑传递嗅觉信息。

毒牙

长的毒牙直立起来，准备发动攻击。

鳞片

　　从蛇的鳞片形状上，我们可以推测出它的生活环境。生活在湿地的蛇体被梭鳞。营穴居生活的蛇长着光滑的鳞片。海蛇的鳞片粗糙呈粒状。

梭鳞　　　光滑的鳞片　　粒状的鳞片

眼

　　蛇眼的大小取决于它是在夜晚捕猎（小眼）还是在白天捕猎（大眼）。

小眼

大眼

蛇的习性

所有的蛇都是肉食动物。它们的捕猎方式各不相同。有些蛇会伏击或追踪猎物，而其他蛇会选择那些容易捕食的猎物，比如鸟类或爬行动物的卵。蟒蛇和红尾蚺用身体紧紧缠住猎物使其窒息。眼镜王蛇等毒蛇将毒液注入猎物身体将其杀死。

温度感受器

响尾蛇的温度感受器非常灵敏，即使在黑暗中，它也能完成捕猎。

蛇的运动方式

蛇进化出不同的运动方式。蛇采取何种方式运动，取决于蛇自身的体型大小，它想以何种速度运动，以及接触面是否光滑。

侧向行进

角响尾蛇侧向盘绕前进。

S 型波浪行进

肌肉有规律的收缩，使身体从前向后形成 S 型波浪。

虫蠕式行进

蟒蛇等身形沉重的蛇，会像毛虫一样间歇抬起腹部蠕动前进。

风琴式行进

蛇先把身体弯曲成风琴状，然后伸直身体向前移动。

变色

绿树蟒刚孵化时体色呈嫩黄色或棕褐色。用不了三年，它们就会变成绿色。

囫囵吞下

蟒蛇会将猎物囫囵吞下。它们的颌慢慢向前推进，一直撑开到能把大型的猎物吞入腹中，像这样进食一次，蟒蛇需要消化数月。

陆龟和水生龟

龟鳖目是爬行动物中最古老的类群。它们都有与骨骼相遇合的骨质甲。龟鳖目包括 310 个不同物种，在世界绝大多数地方都有分布。水生龟主要生活在淡水中或近水区域，50 多种陆龟生活在陆地上。

清洁工
濑鱼是一种小型鱼类，它会帮助海龟清除龟甲上的藤壶。

移动房屋

陆龟厚重的龟甲能够起到防御作用。水生龟轻薄光滑的龟甲能提高它们的游泳速度。

海龟
海龟轻薄的龟甲不够大，不足以保护它们的四肢。

箱龟
箱龟的头和四肢能够缩进穹形龟甲中，保护自己不受捕食者伤害。

侧线龟
侧线龟的龟甲较薄，呈流线型，利于它在水中快速游动。

辐射龟
辐射龟的龟甲厚重，呈穹形，能起到保护作用，但也限制了它的移动速度。

玳瑁

玳瑁是一种海龟。它的龟甲比陆龟轻薄。玳瑁有适于游泳的鳍状肢。

划桨

鳍状肢的肱骨粗壮，指骨较长，有利于划水。

龟的习性

绝大多数陆龟生活在干燥环境或沙漠中。它们厚重的龟甲能起到保护作用，但其移动速度也受到了影响，陆龟每小时只能爬行 90 米。淡水龟以昆虫和鱼类为食，它们在水下伏击猎物。半陆栖的龟既可以在陆地上捕食，也能够在水中捕食。它们有的在水底泥浆里冬眠，有的在陆地洞穴中冬眠。

不可思议！

如果有捕食者侵犯，麝香龟会释放出一种难闻的气味。麝香龟是它的学名，它还有一个别名，叫做——恶臭弹！

保持清凉

生活在温暖地区的陆龟只在早晨和傍晚活动。一天中最热的时候，它们会趴在树阴下或掘洞钻进土里。穴居沙龟大部分时间都呆在洞穴中，避开夏日的酷热和冬季的严寒。

鳄龟

大鳄龟摆动蠕虫状的舌头，将鱼儿诱入嘴中。它的颚非常有力，足以咬断人的手指。

贮存水分

　　如果天气干旱无雨，加拉帕戈斯象龟就会啃食仙人掌补充水分。下雨的时候，它们会聚集在水洼周围，喝下尽可能多的水。

爬行动物档案

棱 皮龟体重 680 千克，是体重最重的爬行动物。体长 16 毫米的侏儒壁虎是最小的爬行动物，也是体重最轻的爬行动物。海龟每天能游行 29 千米，是移动最快的爬行动物。加拉帕戈斯象龟每天只能游 6.4 千米，是移动最慢的爬行动物。

尼罗鳄
（5 米）

长吻鳄
（5 米）

美国短吻鳄
（4 米）

鳄目动物的体型大小

鳄目动物体型大小各不相同。凯门鳄是体型最小的类群。鳄目动物中体型最小的物种是生活在非洲的侏儒鳄，体型最大的是澳洲咸水鳄，它有普通马来鳄的两倍大。

眼镜凯门鳄
（2 米）

森蚺
（10 米）

红尾蚺
（4.5 米）

蛇毒

体型最大的蛇不一定是最危险的蛇。黄腹海蛇的毒液毒性很强，被咬到的猎物即便身形巨大，也会在几分钟内毙命。

响尾蛇
（2.2 米）

黄腹海蛇
（0.8 米）

马达加斯加蛛网龟
（10 厘米）

南美陆龟
（20 厘米）

加拉帕戈斯象龟
（1.5 米）

陆龟

马达加斯加蛛网龟体型很小，可以稳稳骑在南美陆龟背上。而加拉帕戈斯象龟体型很大，足有手推车大小，它的背上能放下一只南美陆龟。

枯叶侏儒变色龙
（3.5 厘米）

蜥蜴的体型大小

不同种类的蜥蜴体型差异很大。最小的侏儒壁虎可以趴在一枚硬币上，最大的科莫多巨蜥体重超过 55 千克。

马达加斯加日间壁虎
（22 厘米）

鳞脚蜥
（45 厘米）

绿鬣蜥
（2 米）

科莫多巨蜥
（3 米）

考考你

找出下面这些问题的答案，创建一个爬行动物各项记录的荣誉殿堂。有的信息能够在本书中找到。

1 最大的爬行动物

2 最小的爬行动物

3 最重的爬行动物

4 最长的爬行动物

5 移动最快的水生爬行动物

6 移动最快的陆生爬行动物

7 移动最慢的爬行动物

8 脚最有黏性的爬行动物

9 毒性最强的爬行动物

10 最臭的爬行动物

答案：1 咸水鳄 2 侏儒壁虎 3 棱皮龟 4 丝绸蟒 5 海龟
6 美洲鬣蜥 7 加拉帕戈斯象龟 8 壁虎 9 内陆太攀蛇
10 蟾蜍龟

知识拓展

适应性 (adaptation)
  为了适应环境，动物物种在结构或习惯上发生的改变。

伏击 (ambush)
  隐藏起来，保持静止，然后突然扑向毫无防备的猎物。

两栖动物 (amphibians)
  皮肤湿润，在水中产卵。幼体（比如蝌蚪）生活在水中，用鳃呼吸，发育完全后用肺呼吸。

祖先 (ancestor)
  后来的物种由这种植物或动物进化而来。

晒太阳 (basking)
  在温暖的阳光下舒展身体。

背甲 (carapace)
  龟类背部的甲壳。

冷血动物 (cold-blooded)
  不能通过自身调节保持体温恒定的动物。

鳄目动物 (crocodilian)
  鳄目动物包括鳄科动物、凯门鳄、短吻鳄、长吻鳄和马来鳄。

消化 (digest)
  分解食物使其被身体吸收。

外部的 (external)
  在外面的。

鳍状肢 (flippers)
  海龟宽大的前肢，能够像桨一样划水，推动海龟前进。

粒状的 (granular)
  有颗粒状结构的。

栖息地 (habitat)
  某种动物自然生活的环境。

犁鼻器 (Jacobson's organ)
  位于口腔顶部的一对小陷窝，是蜥蜴和蛇类的化学感受器，能够分析舌头从地表和空气中收集的分子。

角蛋白 (keratin)
  角和指甲的组成物质，也称为角质。

营养 (nutrients)
  为生物生长和代谢提供能量的物质。

腹甲 (plastron)
  龟类腹部的甲壳。

捕食者 (predator)
  捕猎其他动物为食的动物。

鳞 (scales)
  爬行动物皮肤上异化、较厚的部分。

盾板 (scutes)
  覆盖在龟的骨质甲上的角质板。

喉瓣 (throat flap)
  鳄目动物喉底的瓣膜，动物在水下进食时，喉瓣闭合，防止水进入气管。

有毒的 (venomous)
  有毒性的，可使猎物或捕食者瘫痪甚至死亡。

脊椎动物 (vertebrates)
  有脊椎骨的动物。

探索·科学百科™

Discovery EDUCATION™

世界科普百科类图文书领域最高专业技术质量的代表作

小学《科学》课拓展阅读辅助教材

64册
全套精装
超低定价
每册12.00元

Discovery Education探索·科学百科（中阶）

中国少年儿童科学普及及阅读文库
探索·科学百科
Discovery
鸟类的飞翔

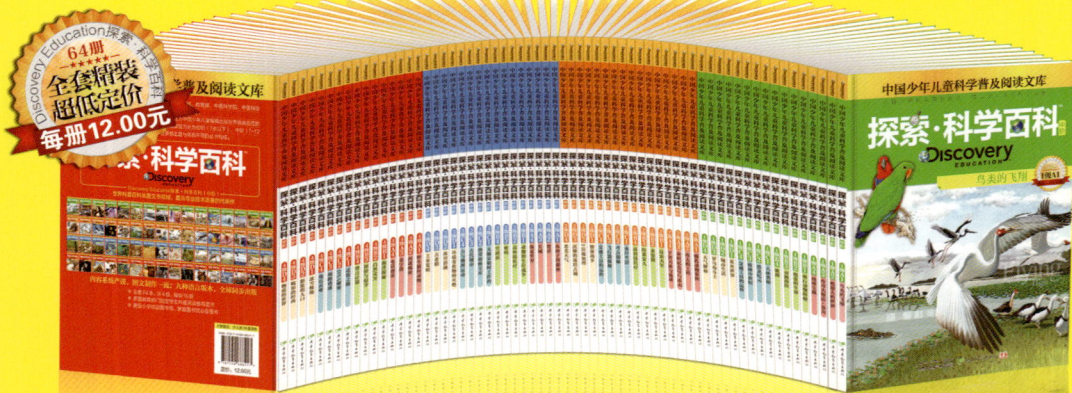

Discovery Education探索·科学百科（中阶）丛书，是7~12岁小读者适读的科普百科图文类图书，分为4级，每级16册，共64册。内容涵盖自然科学、社会科学、科学技术、人文历史等主题门类，每册为一个独立的内容主题。

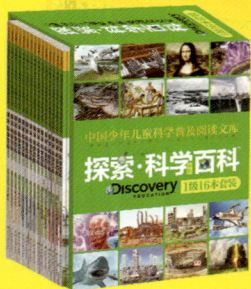

Discovery Education
探索·科学百科（中阶）
1级套装（16册）
定价：192.00元

Discovery Education
探索·科学百科（中阶）
2级套装（16册）
定价：192.00元

Discovery Education
探索·科学百科（中阶）
3级套装（16册）
定价：192.00元

Discovery Education
探索·科学百科（中阶）
4级套装（16册）
定价：192.00元

Discovery Education
探索·科学百科（中阶）
1级分级分卷套装（4册）（共4卷）
每卷套装定价：48.00元

Discovery Education
探索·科学百科（中阶）
2级分级分卷套装（4册）（共4卷）
每卷套装定价：48.00元

Discovery Education
探索·科学百科（中阶）
3级分级分卷套装（4册）（共4卷）
每卷套装定价：48.00元

Discovery Education
探索·科学百科（中阶）
4级分级分卷套装（4册）（共4卷）
每卷套装定价：48.00元